AF224666

MINISTÈRE DE L'INSTRUCTION PUBLIQUE ET DES BEAUX-ARTS

MUSÉE PÉDAGOGIQUE

SERVICE DES PROJECTIONS LUMINEUSES

NOTICES SUR LES VUES

CLOCHE A PLONGEUR
ET SCAPHANDRE

PAR

Gustave TALLENT

Surveillant général de l'École normale supérieure
d'enseignement primaire.

MELUN

IMPRIMERIE ADMINISTRATIVE

1899

CLOCHE A PLONGEUR
ET SCAPHANDRE

Chacun sait que l'homme a besoin d'air pour vivre, et qu'il lui est impossible de rester longtemps sans respirer; ainsi les plongeurs qui se livrent à la pêche de l'huître perlière, de l'éponge, du corail, ne peuvent eux-mêmes séjourner plus de deux minutes sous l'eau; ce n'est que grâce à des appareils spéciaux, tels que la *cloche à plongeur* et le *scaphandre*, que l'homme peut explorer le fond de la mer, et entreprendre sous l'eau des travaux de longue durée.

N° 1. — Pêche des perles.

Les *perles* fines se trouvent dans les organes de *l'huître perlière* ou *l'intadine*, dont la coquille fournit une nacre très fine. La pêche des perles est pratiquée surtout à Ceylan et dans les îles du Pacifique par d'habiles plongeurs, qui descendent dans l'eau au moyen d'une corde à laquelle est attachée une pierre, et qui, arrivés au fond de l'eau, ramassent promptement les huîtres qu'ils rencontrent, les placent dans un filet qu'ils portent suspendu à leur cou, et se font remonter à la surface.

N° 2. — Pêche des éponges.

L'éponge du commerce est la charpente cornée d'un animal d'organisation très inférieure, formé par une masse gélatineuse, et qui vit fixé sur les rochers. Elle provient surtout de la Méditerranée orientale et des Antilles. Les éponges grossières sont arrachées à l'aide de tridents qui les détériorent toujours quelque peu, tandis que les éponges fines sont recueillies par d'habiles plongeurs qui procèdent à peu près de la même façon que les pêcheurs de perles. Les Espagnols qui se livrent à la pêche des éponges sur les côtes du Maroc et de l'Algérie se servent le plus souvent du scaphandre.

N° 3. — Cloche de Halley.

Ce n'est qu'au commencement du XVIII° siècle qu'apparaît la première *cloche à plongeur*, imaginée par l'astronome anglais Halley, qui expérimenta lui-même son appareil en 1721, en descendant à une quinzaine de mètres sous l'eau. Cette cloche est en bois doublé de plomb; elle porte inférieurement une plate-forme G H, suspendue à la cloche au moyen de trois cordes tendues par des poids; c'est sur cette plate forme que se tient le plongeur lorsque l'appareil est arrivé au fond de l'eau. La lumière pénètre dans la cloche par un verre épais, encastré dans la partie supérieure A B. Le robinet R sert à expulser l'air vicié, lequel est remplacé, lorsque le plongeur ouvre le robinet qui termine la tige flexible d', par l'air comprimé contenu dans des barils E doublés de plomb, ouverts à leur partie inférieure G, et constituant par conséquent de petites cloches à plongeur; dès qu'un baril est vide d'air, on le remplace par un autre.

Le plongeur peut s'écarter de la plate-forme de l'appareil, s'il porte sur ses épaules une petite cloche en tôle, reliée à la grande cloche par un tuyau flexible; il doit être alors lesté de plomb pour pouvoir résister à la poussée de bas en haut que l'eau exerce sur son corps.

Nº 1. — Cloche de Spalding.

Spalding, de Strasbourg, rendit la cloche à plongeur plus légère, plus stable et plus facile à manier en la construisant en bois et en la faisant descendre à l'aide de poids A, A' accrochés à sa partie inférieure, et d'un poids B suspendu au centre de la cloche; celle-ci remontait à la surface ou se maintenait en équilibre à n'importe quelle profondeur, suivant qu'on laissait le poids B descendre jusqu'au fond de l'eau, ou seulement jusqu'à une certaine distance de la cloche. Une autre disposition permettait d'obtenir le même résultat dans le cas où, par suite d'un accident quelconque, la première ne pouvait plus fonctionner: une cloison EF séparait, à la partie supérieure de la cloche, une chambre qu'on laissait remplir d'eau lorsqu'on voulait descendre, et qu'il suffisait, lorsqu'on voulait remonter, de mettre en communication par un robinet avec la chambre inférieure pour que l'eau qu'elle contenait fût chassée par l'air comprimé venant de cette deuxième chambre. La cloche était éclairée par la fenêtre vitrée H.

N° 5. — **Scaphandre**.

La cloche à plongeur a rendu des services incontestables, mais c'est un appareil encombrant et ne laissant pas au plongeur une grande liberté d'allures; il n'en est pas de même du *scaphandre*.

Le premier scaphandre, inventé par un habitant de Breslau, date de 1797. C'est un cylindre de fer-blanc, terminé par un dôme protégeant la tête et le tronc du plongeur, et auquel sont adaptés un caleçon en cuir et des manches en cuir, le tout bien fermé et imperméable. La vision est assurée par les trous B, fermés par des lames de verre. Deux tuyaux *a* et *d* servent, l'un à l'introduction de l'air frais, l'autre à l'expulsion de l'air vicié, tandis que l'eau entraînée par cet air se dépose dans un réservoir D. Les masses de plomb EE maintiennent le plongeur en équilibre stable.

N° 6. — **Casque du scaphandrier**.

Le *scaphandre Cabirol*, adopté en 1847, est bien supérieur au précédent. Il se compose d'un *casque* en cuivre étamé, portant quatre lunettes en verre protégées contre les chocs par un treillis en fils de cuivre, et d'un *vêtement imperméable*, ordinairement en toile doublée d'une couche épaisse de caoutchouc, solidement attaché à une collerette en cuivre sur laquelle se visse le casque.

Une pompe à air refoule, dans le tuyau qui aboutit à l'arrière du casque, l'air nécessaire à la respiration du plongeur. L'air expiré et celui qui est fourni en excès par la pompe s'échappent par une soupape qui se trouve sur la partie droite du casque et que le scaphandrier peut ouvrir plus ou moins, pour faire varier le volume de l'appareil; mais comme il peut se faire que l'air arrive en trop grande abondance, un robinet *m* placé en avant du casque permet d'en laisser sortir au dehors de manière à n'en conserver que la quantité nécessaire au plongeur.

N° 7. — Plongeur revêtu de l'appareil Cabirol, vu de face et de dos.

Voici un plongeur revêtu de l'appareil Cabirol. L'air arrive dans le casque, en E, par le tuyau F relié à la pompe à air, et s'échappe par la soupape J; D est le robinet de secours, I la corde au moyen de laquelle le plongeur communique avec les ouvriers de la surface, au moyen de signaux convenus. A, B et C sont les lunettes que porte le casque; H est la collerette en cuivre, et G, un plastron en plomb.

Le vêtement est complété par des brodequins à semelles de plomb et par une ceinture portant un poignard dans son fourreau.

N° 8. — **Appareil Rouqueyrol-Denayrouze.**

MM. Rouqueyrol, ingénieur des mines, et Denayrouze, officier de marine, ont perfectionné le scaphandre de la manière la plus heureuse. Dans leur système, le plongeur puise, dans un réservoir-régulateur qu'il porte sur son dos et qui constitue un véritable *poumon artificiel*, l'air nécessaire à sa respiration.

Cet appareil est formé d'un réservoir A, en tôle, qui reçoit l'air venant de la pompe par le tuyau *a*, et d'une chambre à air B, d'où part le tuyau de respiration *b*. La chambre à air est fermée par un plateau de diamètre moindre que celui de la chambre, et relié hermétiquement aux parois de celle-ci par une feuille de caoutchouc dont la surface est plus grande que celle du plateau, ce qui permet à celui-ci de s'élever ou de s'abaisser suivant que la pression intérieure s'accroît ou diminue.

Lorsque l'ouvrier fait une aspiration, le plateau s'abaisse et la tige qu'il porte, et que l'on voit dans la coupe verticale du réservoir-régulateur, ouvre de haut en bas une soupape conique faisant communiquer le réservoir et la chambre à air, de sorte que l'air passe de R en B et que l'équilibre s'établit entre l'intérieur de la chambre à air et le réservoir A. Le plateau revient alors à sa position primitive et la soupape se ferme jusqu'à ce qu'une nouvelle aspiration se produise. Ainsi l'air arrive au plongeur sans aucune fatigue de sa part et à la pression à laquelle est soumis son corps.

L'air expiré s'échappe par une soupape qui se trouve sur le tuyau d'aspiration et qui est formée par deux feuilles de caoutchouc que la pression de l'eau applique l'une contre l'autre lorsque l'air est aspiré.

N⁰ 9. — **Plongeur revêtu**
du réservoir-régulateur et du pince-nez.

Lorsqu'il s'agit d'un travail de peu de durée, un plongeur muni du réservoir-régulateur peut être envoyé sous l'eau sans qu'il soit nécessaire de le revêtir du vêtement imperméable, mais alors le tuyau d'aspiration porte un *ferme-bouche*, feuille de caoutchouc qui se place entre les lèvres et les dents; de plus, le plongeur est pourvu d'un *pince-nez*, attaché derrière la tête au moyen de deux cordons.

N⁰ 10. — **Plongeur revêtu de l'habit en caoutchouc**
et du réservoir-régulateur.

Mais quand le séjour dans l'eau doit se prolonger, l'habit en caoutchouc et un masque sont indispensables. Cet habit se termine par une collerette élastique, et un cercle de serrage permet de fixer la collerette dans une gorge que présente la base du masque. Le plongeur peut augmenter ou diminuer son volume suivant qu'il lance dans le casque l'air expiré ou qu'il le fait évacuer au dehors en ouvrant le robinet qui se trouve en face de l'ouverture par laquelle passe le tuyau d'aspiration. Pour se maintenir au fond de l'eau, le plongeur porte sur la tête et sur les côtés des poids en plomb. Il est en outre muni de souliers à semelles de plomb.

N⁰ 11. — **Pompe à air**
de MM. Rouqueyrol et Denayrouze

Cette pompe est à deux corps. Chacun d'eux est formé d'un cylindre D pouvant se mouvoir verticalement par le jeu du balancier MN, tandis que le piston P est fixe. Lorsque le cylindre monte, le vide se fait dans le corps de pompe, et l'air extérieur soulève la soupape inférieure, laquelle est recouverte par une couche d'eau qui empêche les fuites: une certaine quantité d'air traverse cette eau et passe au-dessus du piston. Quand le cylindre descend, l'air qu'il contient soulève la soupape supérieure recouverte d'eau comme la première, et passe dans le réservoir à air comprimé R, réservoir qui communique avec celui que le plongeur porte sur le dos. Les couches d'eau qui recouvrent les soupapes ont aussi cet avantage de refroidir l'air qui s'échaufferait par le fait de la compression.

Le *compresseur-compensateur* sert à remplir d'air comprimé le réservoir que porte le plongeur. Il est constitué par deux corps de pompe communiquant entre eux et fonctionnant comme ceux de la pompe à air; mais tandis que l'air est aspiré en A, il est comprimé en B. De plus, le diamètre n'est pas le même pour les deux corps de pompe, ce qui répartit à peu près également le travail sur les deux côtés du balancier et diminue considérablement la résistance totale.

Nº 12. — Plongeurs retrouvant une caisse pleine d'or dans le port de Marseille.

Le scaphandre est un appareil précieux pour la recherche des corps tombés dans l'eau. Voici deux scaphandriers trouvant dans le port de Marseille, le 19 février 1867, après trois heures de recherches, une caisse, pleine d'or qui était tombée dans la vase à la suite d'un abordage entre deux paquebots.

N° 13. — Nettoyage de la carène d'un navire en mer.

La coque des navires se recouvre rapidement, surtout dans les pays chauds, de petites coquilles et d'herbes, ce qui a pour résultat de diminuer d'une façon sensible la vitesse du bateau. Le scaphandre Rouqueyrol permet de faire facilement ce nettoyage en mer, de même qu'il permet de réparer une avarie sans qu'il soit nécessaire d'amener le navire dans les bassins de radoub.

N° 14. — Des ouvriers revêtus du scaphandre remettent à flot un bâtiment échoué.

Des scaphandriers peuvent remettre à flot un navire échoué, en le soulevant à l'aide de crics, en passant de grosses chaînes sous sa carène et en le faisant haler par un autre bateau.

N° 15. — Récolte du corail au moyen du scaphandre.

La pêche du corail, telle que la pratiquent les Maltais, est extrêmement pénible. Ils se servent de filets suspendus à une croix de bois qu'ils laissent traîner sur le fond de la mer et qu'ils remontent lorsqu'ils supposent que la récolte est suffisante. Le scaphandre permet de substituer à ce procédé primitif l'exploration méthodique des bancs naturels, et de constituer des bancs artificiels dans les conditions les plus favorables pour leur exploitation ultérieure.

N° 16. — Constructions sous-marines exécutées par des ouvriers revêtus du scaphandre.

Le scaphandre se prête aussi aux constructions sous l'eau. Les pierres, taillées et numérotées, sont descendues à l'aide de grues, au fond de l'eau, où des scaphandriers les superposent et les réunissent par un ciment hydraulique. Aujourd'hui, les appareils que l'on emploie pour les constructions sous l'eau sont simplement des modifications de la cloche à plongeur, comme nous allons le voir.

N° 17. — Hydrostat sous-marin de Payerne.

Le docteur Payerne a perfectionné considérablement la cloche à plongeur. Son *hydrostat sous-marin*, expérimenté en 1844, peut être coulé à fond ou ramené à la surface par les travailleurs sous-marins qu'il abrite. Il renferme trois compartiments principaux : la *cale* A, l'*entre-pont* C, qui communique avec la cale par la cheminée B, et le *faux-pont* D. Autour de la cale et du faux-pont se trouve une *galerie* hermétiquement close, qui communique avec ces deux compartiments au moyen de robinets; la partie inférieure de la galerie est occupée par des corps pesants destinés à lester l'appareil. Quand l'hydrostat flotte, l'entre-pont, le faux-pont et la galerie sont remplis d'air comprimé, tandis que la cale est pleine d'eau; pour descendre, on ouvre le robinet qui fait communiquer la cale avec la partie supérieure du faux-pont, et on manœuvre la pompe P de manière à introduire dans le faux-pont et la galerie de l'eau prise à l'extérieur, tandis que la cale se remplit d'air, et que l'appareil descend au fond de la mer. Les ouvriers descendent alors dans la cale où ils peuvent travailler plusieurs heures au nombre d'une trentaine. On remonte en aspirant l'air de la cale et en le refoulant dans le faux-pont et la galerie, tandis que l'eau contenue dans ces compartiments s'échappe par un conduit qui communique avec l'extérieur.

N° 18. — Construction de l'une des piles du pont de Brooklyn.

Les *caissons* dont on se sert maintenant pour les travaux qui doivent être exécutés dans l'eau, et en particulier pour la construction des piles de pont, sont encore des sortes de cloches à plongeur. Prenons comme exemple ceux qui ont été employés à la construction, commencée en 1870 et terminée en 1883, du pont qui relie Brooklyn à New-York.

Chaque caisson est une immense boîte sans fond de 52 mètres de longueur, 31 mètres de largeur et 2 m. 70 de hauteur intérieure ; le dessus du caisson est formé par des couches horizontales de poutres réunies par de forts boulons en fer, et dont les interstices sont remplis de goudron. Ce caisson préparé à terre et amené à l'endroit où doit s'élever la pile sert de base à la maçonnerie que l'on construit au-dessus de l'eau, et s'enfonce graduellement jusqu'à venir reposer sur le lit de la rivière, lequel est mis à nu par suite de l'action de l'air comprimé que l'on fait pénétrer dans le caisson, et qui refoule l'eau à l'extérieur.

Dans le plafond on a ménagé deux *chambres d'air* servant à l'entrée et à la sortie des ouvriers, et deux cheminées de tôle descendant jusqu'au dessous de la base inférieure du caisson, ce qui leur permet de fonctionner à l'air libre, en étant remplies d'eau jusqu'à un niveau qui est le même que celui de la rivière; ces cheminées servent à la manœuvre soit de bennes ou de grappins, soit de dragues ou de norias destinées à enlever les déblais. Tandis que les ouvriers fouillent le sol et en rejettent les débris vers ces cheminées latérales, la maçonnerie se fait à la surface jusqu'à ce qu'on atteigne le lit solide sur lequel le caisson doit reposer. Il ne reste plus alors qu'à remplir de ciment hydraulique le caisson, de manière à le fixer à ce lit solide.

N° 19. — Coupe longitudinale d'une chambre d'air.

Lorsque des ouvriers pénétrer doivent dans le caisson on les fait entrer d'abord, par la porte S, dans la *chambre d'air*, où l'on établit graduellement la pression, mesurée à chaque instant par le manomètre M, jusqu'à ce qu'elle soit égale à celle du caisson, puis on ouvre la porte E qui donne accès dans le caisson. La manœuvre inverse se fait à la sortie des ouvriers, en établissant d'abord dans la chambre d'air une pression égale à celle du caisson, puis en ouvrant le robinet R qui laisse échapper à l'extérieur l'air comprimé contenu dans la chambre. On doit toujours, en effet, ramener lentement à la pression atmosphérique les ouvriers qui supportent pendant leur travail une pression considérable, de même que les scaphandriers; on empêche ainsi les gaz absorbés par le sang de former dans les vaisseaux capillaires, en se dégageant trop rapidement, des chapelets de bulles qui opposeraient à la circulation du sang une résistance considérable, d'où pourrait résulter une mort foudroyante.

N° 20. — Coupe d'un des caissons à air comprimé employés dans les travaux du port de Marseille.

Voici la coupe de l'un des caissons à air comprimé employés dans les travaux du port de Marseille, commencés en 1897. C'est encore une grande cloche à plongeur en tôle de 20 mètres de longueur, 6 m. 50 de largeur et 3 m. 30 de haut, dont le plafond est consolidé par des poutres en fer, et dont les parois sont amincies en couteau dans la partie inférieure qui repose sur le fond de la mer. L'air comprimé empêche l'eau de pénétrer dans le caisson par le bas. Trois cheminées cylindriques font communiquer avec l'extérieur la chambre de travail : la cheminée centrale sert à l'entrée et à la sortie des ouvriers, grâce à une cabine appelée *écluse* jouant le même rôle que la chambre d'air précédemment décrite, tandis que par les cheminées latérales, pourvues de treuils et d'une écluse dont les portes s'ouvrent automatiquement, s'effectue le passage des matériaux. L'intérieur du caisson est éclairé par des lampes à incandescence.

G. TALLENT.

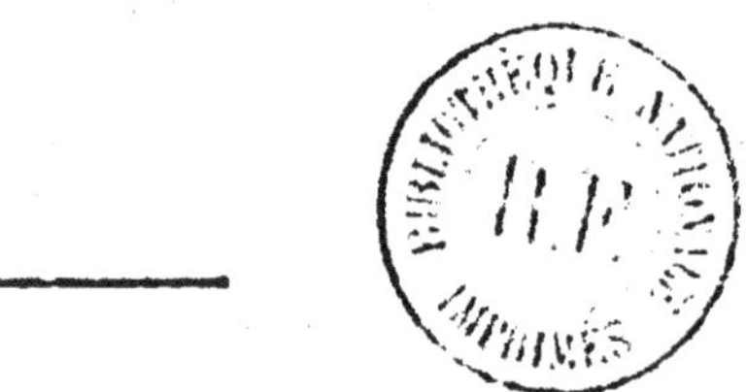

MELUN, IMPRIMERIE ADMINISTRATIVE. — 510 N

9 782012 939080